P. SCHNEIDER VON ESLEBEN

REISESKIZZEN YEMEN

P. SCHNEIDER VON ESLEBEN

REISESKIZZEN YEMEN

HIRMER VERLAG MÜNCHEN

Die Deutsche Bibliothek – CIP Einheitsaufnahme

Schneider von Esleben, P.: Reiseskizzen
Yemen/P. Schneider von Esleben. –
München : Hirmer, 1994
ISBN 3-7774-6660-3
NE: HST

Lithos: Brend'amour Simhart & Co, München
Satz: Bruckmann, München
Druck: Hofmann-Druck, Augsburg
Bindung: Monheim Großbuchbinderei, Monheim
Printed in Germany
ISBN 3-7774-6660-3

Zu den Blättern von PSE

Yemen ist ein schönes, wildes Land und ungefähr eineinhalbmal so groß wie ganz Deutschland.
Der Großteil seiner zwölf Millionen Einwohner, besonders auf dem Land, lebt im Zustand des frühen Mittelalters, nur einige wenige wurden vom Konsum des fragwürdigen Medienluxus, wie Fernsehen, Plastiktüten oder Mopeds, beglückt.
In den zwei Hauptstädten – Nordyemen Sana-a in 2500 m Höhe mit 800000 Einwohnern und Südyemen Aden mit 300000 Einwohnern, am Rand des Indischen Ozeans – ist jeweilig ein Hauch von westlich, klein-vorstädtisch bescheidenem Leben spürbar.
Die Stadtrandgebiete außerhalb der Altstadt sind garniert mit ziemlich scheußlichen, viel zu hohen Betonfertigplatten-Mietskasernen, nicht übertrieben gepflegt, jedoch überfüllt von in den Emiraten arbeitslos gewordenen oder ausgewiesenen Arbeitern.
Die ländliche Bevölkerung lebt – besonders im Nordyemen – nach den strengen Regeln des Propheten. – Der Koran ist allen das allein gültige Lehr-, Gebets- und Gesetzbuch.
Die gesamte profane Lebensform ist in einzelnen Stämmen und Scheichtümern wohlgeordnet.
Die Frauen verlassen nur in Gesellschaft mehrerer Frauen in tief verhüllten, schwarzen Gewändern mit schwarzen Strümpfen und schwarzen Handschuhen ihre Häuser.
Auf dem Land gehen die Mädchen bis zu etwa zwölf Jahren zur Schule und werden früh verheiratet.
Als Zeichen eitler, männlicher Würde trägt jeder Mann ab zirka 17 Jahren – gleich einem Protz-Phallus – den großen Krummdolch, die Dschambiya, im farbigen oder bestickten Gürtel mitten vor seiner Brust.

An diesen bunten, gürtelartigen Leibbinden hängen oft noch eine oder mehrere gefüllte Patronengurte, ein Lederbeutel für Pulver, Schlüsselbund, ein leerer Drehbleistift etc.
Selbst bei der Hochzeit tanzen die jungen Männer mit geschwungenen Krumm-Dolchen ihre Hochzeitstänze in strikter Abwesenheit der Braut.
Das häufig umgehängte Gewehr – alte Vorderlader, Karabiner und Maschinenpistolen –, die begehrte Kalaschnikow sowie der obligate Krummdolch sind der Stolz des Arabers und das Attribut seiner zur Schau gestellten Männlichkeit.
Junge Mädchen und die schwarz verhangenen Frauen haben oft die Handinnenflächen mit brauner Henna bemalt mit allerhand Stern- und Blumenmustern und zu jedem Festtag an jedem Finger – auch über den schwarzen Handschuhen – ein oder mehrere Ringe und unendlich viele Armreife in Silber.
Die Topographie sowie die geographische Lage dieses Landes haben die jahrtausendealte und zum Teil noch unbekannte Geschichte, das Leben ihrer Bewohner sowie ihr Schicksal in dieser Abhängigkeit immer, so auch noch heute, maßgebend geprägt.
Yemen ist im Norden umgeben von einer riesigen, saudi-arabischen, mörderisch heißen Sandwüste, die mit dem »Toten Dreieck« als Wüstenkeil von Norden ins Land stößt und wegen ihrer Ölvorkommen von den Saudi's beansprucht bzw. annektiert wird und zu politischen Problemen führte. – Im Westen ist Yemen umsäumt von der Küste des Roten Meeres mit dem davor parallel zur Küste liegenden, breiten Wüstenstreifen und der Tihama, im Süden eingerahmt vom Golf von Aden, dem Arabischen Meer – einem Teil des Indischen Ozeans – in drückend, feucht-heißer Unluft.
Aden hat einen großen, geschützten Naturhafen, der schon von den Römern als der größte und schönste Hafen gepriesen wurde. Im Auf und Ab seiner wechselvollen Geschichte ist Aden jetzt ein Unort ausgemachter Scheußlichkeit, den man umgehen sollte, aber kaum kann, weil die einzige, befahrbare, zum Teil asphaltierte Jeep-Piste, ein Flugplan oder eine sogar notwendige Übernachtung den Reisenden dorthin zwingen.
Jahrhundertelang wechselvolle Kolonisatoren. Kasernenbauten, Treibstoffsilos, Airport mit Kisten und Kasten, Bunker und hohe Betonplatten-Wohnsilos, zerschossene Moscheen, vermodernde Ruinen etc. verunstalteten Aden zur urbanen Collage.

Die feuchte und stehende Luft im Golf von Aden empfahl schon in grauer Vorzeit lebensmüden Seefahrern, besser andere Kompaßkurse anzupeilen.
Zum Ausgleich haben aber Allah und die wohlwollend ausgleichende Natur den Yemeniten auch praktikablere – vor allem einträglichere – Winde beschert.
Der Monsun treibt die Segler im Sommer mit achterlichem Westwind ruhig gen Indien, und im Winter bläst der Monsun, nur etwas stärker, in entgegengesetzter Richtung vom östlich liegenden Indien wieder zurück mit westlichem Kurs zur Landung der Segler nach Mukalla oder Aden an der yemenitischen Südküste.
Hellwache, arabische, indische sowie chinesische Händler beluden diese Schiffsbäuche in Bombay mit China-Seide, Weihrauch, burmesischen Edelsteinen, Kostbarkeiten in Gold, Silber, Elfenbein, mit Sandelholz, Pfeffer sowie mit tausend Düften und Gewürzen aus Tausendundeiner Nacht für die daheim wartenden Schönen in den Harems oder den europäischen Kemenaten.
Dazu kamen aus Äthiopien, Ägypten, dem übrigen Afrika über Dschibuti noch andere Spezereien, vor allem Myrrhe als Balsam und die Baumharze vom Weihrauchstrauch, der besonders auch im Hadramaut wächst.
Alles sehr begehrt bei religiösen Kulten, Einbalsamierungen für vornehme, auch tote Potentaten fast aller Religionen griechischer, römischer, morgen- und abendländischer Königs- und Fürstenhöfe.
Auch heute noch wird bei einem arabischen hohen Scheich, Sultan oder König der Gast durch vorhergetragene Weihrauchpfannen an langen Stangen mit besser duftender Luft und Moskitos vertreibenden Weihrauchwolken geehrt.
Mit zwar etwas anderen Funktionen schwenken noch heute im Hochamt die Ministranten feierlich und munter ihre Weihrauchfässer. Uns zwölfjährige Ministranten reizte besonders, den Weihrauch mit abgeschnittenen Fingernägeln zu mischen, um mit diesen zweckentfremdeten Düften die zu Ehrenden zu ihrer geteilten Freude einzuräuchern.

Das Problem des Weitertransportes dieser orientalischen Kostbarkeiten zum Mittelmeer mit all seinen Anrainern sämtlicher Himmelsrichtungen – sogar ins wilde Transalpina zu den Alemannen und Franken – erwies sich beim Kreuzen per Segler gegen den Monsun durch das Rote Meer

mit den vielen Klippen und Untiefen und vor allem der damit verbundenen Piraterie als undurchführbar.
Erst mit der Zähmung und Domestizierung des Kamels stiegen die hoffenden Gelüste der Damenwelt an Luxusgütern, denn erst das Kamel machte den Transport schließlich möglich.
Nur mit Kamelkarawanen konnte diese fast 3000 km lange Wüstenstrecke von Mukalla oder Aden in ungefähr zweieinhalb Monaten durch glühend heiße Wüsten zwischen dem Roten Meer und dem langen wasser- und vegetationsarmen, hohen Gebirgsstreifen, die zu durchreiten waren, zurückgelegt werden, um endlich das römische Petra im heutigen Jordanien – das ich auch einmal auf Pferderücken durchritt – zu erreichen, um dann endlich ans Mittelmeer zu gelangen.
Eine Straße gab es mit Sicherheit nicht, sondern in der Wüste nur plattgetretenen Sand, wenn die Piste nicht gerade vom Sand wieder verweht war. So orientierten sich die Beduinen mit ihren Gold-, Gewürz- und Edelsteinhändlern lediglich nach den Gestirnen, um die ungefähre Richtung zur nächsten Wasserstelle, Karawanserei oder zu den Märkten zu halten auf dieser langen Sandwüstenstrecke ohne Baum und Strauch, dabei auf ständiger Hut vor Finanz- oder Zollbehörden der vielen habgierigen Scheichtümer und sonstigen Piraten, die nur astronavigatorisch – ohne Steuerberater – zu durchqueren war.

Was an diesen langen, nächtlichen Lagerfeuern zum Schutz gegen Kälte und hungrige Raubtiere längs dieser Weihrauchstraße in morgenländischem Temperament und Schwulst alles erzählt, verhandelt, gehandelt, erdichtet, nachverhandelt und gelogen wurde, ging wahrscheinlich auf keine Kamelhaut und würde einem ordentlichen Amtsgerichtsrat die Röte ins Gesicht treiben.

In damaliger vor- und frühchristlicher Zeit zeichnete sich schon das baldige Ende des römischen Weltreiches ab nach dem bereits erfolgten Zerfall der griechischen Hemisphäre. Es gab viele neue messianische Gedanken, Spekulationen und Wünsche für einen neuen Weltenkönig, einen Erlöser, da die Maximen des Midras-Kultes und etlicher anderer Religionen und Animistenkulte nicht mehr überzeugten.
Durch die Monsun-Seefahrer verbreitete sich viel hinduistisches und buddhistisches Gedankengut aus Indien. Auch die frühesten und ersten Gründer des Christentums suchten Indien auf und

ließen sich von diesem Gedankengut inspirieren, das bis Yemen und somit über Yemen bis ans Mittelmeer gelangte.
Beim flackernden Lagerfeuer in den kalten Wüstennächten erzählte man sich viele Geschichten, auch von der sagenhaft schönen Königin von Saba aus Marib, dem Gebiet des mächtigen und reichen Volkes der Sabäer, die sich eines Tages aufmachte, um über die Weihrauchstraße – gebettet in ihrer Kamelsänfte – mit einer riesigen Karawane, beladen mit Gold, Silber, Edelsteinen, Myrrhe, Weihrauch, Elfenbein, Sandelholz und allen möglichen orientalischen Kostbarkeiten, gen Jerusalem zu reiten, um dem klugen und weisen sowie reichen König Salomon ihre Aufwartung zu machen.
Gleichzeitig wird auch berichtet, daß sich die sagenhaft Schöne in Aden einschiffte, um auf dem Seeweg über das Rote Meer nach Jerusalem zu kommen.
Rotes Meer hin – Weihrauchstraße her, die sagenhaft schöne Königin von Saba mit dem schönen Vornamen Bilquis, die im Laufe der Geschichten immer schöner wurde, soll im Palast des weisen Königs Salomon gelandet sein.
Alles natürlich garniert mit vielen Nebengeschichten; daß Bilquis, zwar wunderschön, aber z. B. einen Ziegenfuß gehabt haben soll. Der weise und sicher auch sehr gerissene Salomon ließ die sagenhaft Schöne über den vorher mit Wasserlachen genäßten, geschliffenen und polierten Marmorboden laufen, wobei Bilquis ihren langen, weißen Rock etwas anhob, jedoch der angenehm enttäuschte Salomon keinen Ziegenfuß, sondern nur zwei bildhübsche Beine und Füße zu Gesicht bekam.
Dann lud der weise König die schöne Königin zu einem königlichen, abendlichen Mal ein, das außergewöhnlich scharf gewürzt war mit allen möglichen Kräutern, Essenzen und beizenden Ingredienzien des Morgenlandes.
Ins Schlafgemach der Königin von Saba hatte der weise Salomon vorher einen Krug – jedoch ohne Wasser – für Bilquis stellen lassen.
Von Durst gequält nach dem sündhaft scharfen Essen wollte die Schöne nachts ihren Durst löschen und griff nach ihrem Wasserkrug, der leider leer war.
Sandalenlos schlich sich die sagenhaft schöne Königin Bilquis von Saba mit ihren hübschen Beinchen – von Durst gequält – in das Schlafgemach des schlauen Königs Salomon, der sich jedoch

vorher einen mit kühlem Wasser gefüllten Krug in seine Reichweite hatte stellen lassen. Lautlos labte sich Bilquis an dem kühlen Naß aus dem Krug, der neben dem laut schnarchend, sich schlafend stellenden, weisen, lüsternen Salomon stand, der dann plötzlich mit geübt schnellem und flottem Griff die erschrockene, sagenhaft schöne Königin von Saba unter seine königliche Bettdecke zog.

Neun Monate später wurde die Schöne von einem Knäblein namens Noah entbunden, dessen Sohn Sem wiederum die Stadt Sana'a gegründet haben soll.

Außerdem soll Noah die Arche in Aden auf Kiel gelegt haben – so an den Lagerfeuern in den Wüsten berichtet.

Die wirklich schönen Geschichten aus Tausendundeiner Nacht wurden und werden ständig variiert, anders oder sogar gegenteilig erzählt. Das ist arabisch, das macht es spannend, jeden neugierig, und die Geschichten werden darum immer geheimnisvoller und abenteuerlicher.

Es gibt zudem überhaupt keinen einzigen Beweis, ob die sagenhaft schöne Königin von Saba mit dem wunderbaren Namen Bilquis überhaupt je gelebt hat – ob es sie überhaupt jemals gab.

Jedoch die Bibel und der Koran berichten von ihr und einem Treffen mit dem weisen König Salomon – sonst nichts.

Die Begründung des legendären Rufs salomonischer Weisheit durch Kenntnis der Zahl 0, eines Nichts, ist ebenso legendär – weiß man jedoch, wenn man weiß, daß man nichts weiß, so wäre das nach sokratischer Erkenntnis die letzte Weisheit.

Die gebildeten Männer des Abendlandes sprachen und radebrechten griechisch, lateinisch oder irgendeinen lokalen, merkwürdigen Landesdialekt, rechneten mühsam und vergeblich mit den lateinischen Zahlen, die aus einer Urschrift in Keilzahlen bestand, mit Hilfe von Stöckchen, Stäbchen und Rechenröllchen.

I, II, III, IV, X = 10 mit überkreuztem Zeigefinger bei gespreizten allen 10 Fingern.

Die Hälfte von X war V = 5 usw.

Nur konnte man mit diesen römischen Keilschriftzeichen nicht addieren, subtrahieren, multiplizieren oder dividieren. Aus diesem Grunde hielt man sich in den Kanzleien der Könige, Fürsten oder Heerführer einen Computer in Gestalt eines Zauberers, eines Magiers oder Arabers mit Turban, der im Handumdrehen 85761 mit 387,25 multiplizierte, dann dividierte, addierte und

subtrahierte in einer Zahlenschrift, die kein Mensch verstand, nur das verblüffende Resultat stimmte jedesmal sehr genau.
Das Gleiche lernten wir als ABC-Schützen schon in der Vorschule, aber nicht mit lateinischen bzw. römischen, sondern mit arabischen Ziffern, denn die Araber waren im Altertum und frühen Mittelalter sowieso gelehriger als unsere alte Welt in der Medizin, Philosophie, Literatur, Musik und Algebra, letzteres auch ein arabisches Wort.
Sie kannten im Dezimalsystem die Zahl 0 – wir nicht.
0 = ein Nichts = Nihil oder Nullius rei. Mit 0 zu rechnen, konnte nicht mit rechten Dingen zugehen – das war eben schon Zauberei.

Seit ungefähr 1000 vor Chr. gab es schon die Weihrauchstraße, an deren Rändern sich die bedeutendsten und reichsten Königreiche etablierten, von der Indischen Ozeanküste über Hadramaut, Marib, Sana'a entlang durch die Wüste, parallel zum Roten Meer bis nach Petra in Jordanien, das von zahlreichen, römischen, in rotem Sandstein gehauenen Felsentempeln noch heute gesäumt ist, von hier zum Mittelmeer.
Der Besitz dieser Weihrauchstraße bildete infolge der ständig hohen und sicheren Einkünfte schließlich den enormen Reichtum Yemens, der aber immer verteidigt werden mußte, bis ca. 100 Jahre nach Chr. die Weihrauchstraße plötzlich ihre Bedeutung verlor.
Die Römer hatten mit dem lateinischen Segel ein Rigg konstruiert für ein Segel, das hoch am Wind gegen den nördlichen Monsun im Roten Meer aufkreuzen konnte, und dadurch waren die kostbaren Transporte auf dem Seeweg wesentlich leichter, schneller und bequemer durchführbar.
Aber die nächtlichen Lagerfeuer-Geschichten blieben bis heute.

So wurden im Jahr 0, in der heiligen Nacht, die heiligen drei Könige mit den späteren Namen Caspar, Melchior und Balthasar durch einen Stern nach Bethlehem geleitet, um dem neugeborenen, zukünftigen König der Welt mit ihren Gaben, Gold, Weihrauch und Myrrhe, in ihrem Gebet zu huldigen.
So wie mit den meisten arabischen Geschichten erging es auch den heiligen drei Königen.

Zunächst waren die drei heiligen Könige gar nicht heilig, denn sie wurden nachweislich nie heilig gesprochen. Dann waren es auch keine Könige, sondern ganz normale, orientalische Teppich-, Gold- sowie Weihrauchhändler mit Myrrhe und sonstigen Spezereien aus Indien und Yemen, die ihre kostbare Ware nach Petra, nahe von Bethlehem gelegen, auf dem Rücken ihrer Kamele bringen wollten.
Die Bibel berichtet lediglich von drei Weisen aus dem Morgenland – was schon eher stimmt. Ob sie weise waren, ist nicht bestätigt, aber sie schienen es dadurch, daß sie die Zahl 0 kannten und wie ein Computer »weise« alle Rechenkunststücke konnten, was andere nicht konnten, noch verstehen konnten.
Die drei »weisen« Reisenden waren auf Grund ihres Orientierungszwangs in der Wüste – wie alle Karawanen und Beduinen – mit der astronomischen Ordnung und deren Sternbildern vertraut als einziges Orientierungsmittel in der Wüste, wie bei der Seefahrt.
Da sie ihr Weg nach Norden führte, hatten sie die Richtung des Nordsterns, im Sternbild des Kleinen Bären, angepeilt, der sie genau nach Bethlehem führte. Der Polarstern ist auch heute noch für jeden Seefahrer ein wichtiger Orientierungs-Fixpunkt.
Die Geschichten vom grausamen König Herodes und dem gerade neugeborenen König in der Krippe hatten sich natürlich bei den Beduinen, die ihr Leben als Hirten von Ziegen und Kamelen in der Vorwüste führten, bereits an den Lagerfeuern längst herumgesprochen.

Wie bekannt, trieb das frühe Mittelalter besonders schwunghaften Handel nicht nur mit Gold, Myrrhe und Weihrauch, sondern auch mit Reliquien, heiligen Gebeinen und Knöchelchen jeder Art.
So ließ die römische Kaiserin Helena ca. 300 nach Chr. ausgerechnet in dem winzigen, von jeher immer kleinen, unbedeutenden Nest Azzahn bei Mukalla am Indischen Ozean die Gebeine der heiligen drei Könige ausbuddeln, die aber erst ca. 100 Jahre später über Konstantinopel nach Mailand gebracht bzw. verkauft wurden.
Kaiser Friedrich Barbarossa schenkte um 1160 dem Erzbischof von Köln, einem Herrn von Dassel, seinem Kanzler, schließlich diese Gebeine der heiligen drei Könige, da Köln unbedingt und schnell einer bedeutenderen Attraktion als der der »elf törichten Jungfrauen« bedurfte, um

durch solch hochkarätiges Privileg die Kaiser und Könige im heiligen Köln sinnvoller und würdiger salben zu können.
Im letzten Krieg wurde der kostbare, vergoldete Schrein der heiligen drei Könige bzw. der drei Weisen aus dem Morgenland in sauerländische Sicherheit gebracht bis Kriegsende und danach wieder nach Köln rücküberführt.
Einem »on dit« zufolge soll der goldene Schrein innen leer gewesen sein.

Das von mörderisch heißen Sandwüsten, vom Roten Meer und dem Indischen Ozean umgebene Yemen baut sich im Innern zu einem Hochland-Gebirge auf bis zu 2500 m–3000 m Höhe, durchfurcht von riffelartigen, stark zerklüfteten Felsenlandschaften.
Dieses waschbrettartige Riffelgebirge führt in den Riffelniederungen viel Wasser, so daß seine Steilhänge mit treppenartig angelegten Feldern reichlich bewässert und sehr ertragreich sind, was die Märkte mit überquellendem Gemüse- und Obstangebot täglich dort zeigen.
Daher »ARABIA FELIX« – glückliches Arabien –, das arabischte Land, das sich durch diesen Reichtum seine Abgeschlossenheit leisten konnte.

Während der Nordyemen abgesondert, streng nach den Lehren des Koran regiert ist und in seinem ihm gemäßen, islamischen Weltbild in echter, tiefer Religiösität lebt, war der Südyemen mit seiner strategisch besonders günstigen Lage mit großem Naturhafen das ständige Ziel vieler fremder Eroberer, was auf seine Bewohner allmählich abfärbte.
Die Portugiesen erkannten – außer vielen, inzwischen unbekannten Völkern der Vorzeit – den besonders wichtigen, nautischen Stützpunkt, da von dort der nahe Seeweg sich nach Indien anbot mit den günstigen Monsunbrisen hin und zurück.
Dann eroberte das Osmanenreich das Yemen, wurde aber schließlich vertrieben.
Danach »übernahmen« die Briten ca. 100 Jahre lang Aden mit einigem Umland, um es der britischen Krone einzuverleiben und besonders, um nach der Fertigstellung des Suez-Kanals von England aus die britischen Stützpunkte Gibraltar und die Insel Malta durch den Suez-Kanal bis Aden zu erreichen und um von dort klar Schiff zu ihrem Kaiserreich Indien zu gelangen.
Die eingeschüchterten Südyemeniten – besonders im Hadramaut – ließen seit Hunderten von

Jahren keinen Fremden mehr in ihre Hochhausstädte in der Wüste auf Grund durchaus berechtigten Mißtrauens.
Dennoch kamen nach den Briten, derer sich Yemen endlich entledigt hatte, in diesem Krieg die Sowjetunion, später assistiert von der DDR, um den Beduinen die »wahren, real-sozialistischen Errungenschaften« beizubringen.
Nach Enteignung der Grundbesitzer, Verjagung der Sultane und Immame entstanden Kolchosen und Kombinate, die die stolzen Yemeniten-Bauern allmählich zum Landarbeiter-Proletariat verwandelten.
Die Frauen wurden entschleiert, Mann und Frau »gleich«gestellt, Trennung von Religion, Politik und Staat – dafür wurden Kinos, Destillerien und Bierbrauereien gebaut, die jetzt auf Druck vom islam-frommen Saudiarabien wieder abgebrochen werden mußten als Forderung für ihre Finanzhilfen an ihre in diesem Bürgerkrieg in Not geratenen, islamischen Brüder.
Frauen und Männer trugen allmählich halb-europäische Kleider oder den Blaumann in dieser gewohnten, ur-arabischen Welt und gaben der Stadt Aden, dem schon sowieso scheußlichen Gesicht, zusätzlich das morbide Flair eines entwurzelten, verlorenen Proletariats.
So wollte der Nordyemen endlich seine – seiner Meinung nach gottlos gewordenen – Brüder im Südyemen wieder unter die streng islamischen Fittiche des Korans nehmen und wieder ein geeintes, arabisches Yemen nach der gewohnt arabisch-muslimischen Ordnung herstellen.
Der Südyemen bevorzugte hingegen die »sozialistischen Errungenschaften«, an die man sich quasi gewöhnt hatte und die man nicht mehr missen wollte. So kam es in diesem Jahr plötzlich zum Bürgerkrieg, dem wir kurz vorher in diesem Jahr 1994 noch unbehelligt entweichen konnten durch unsere Abreise.

Auf den vorher erwähnten Riffelfalten in der Hochgebirgslandschaft haben die Terrassenfelder an den Steilwänden der Felseinschnitte in ihren topographischen Kurven nur einige Stunden Höhensonne, dann wieder schattenspendende Felswände, so daß die Feldfrüchte im Sonnenglast nicht verdorren, sondern stets feucht temperiert, wie in einer Art idealer Treibhäuser, reifen.
Auf den obersten, messerscharfen, schmalen Gratkämmen dieser felsigen Riffellandschaft, die von Ferne fast zum »Überspringen« verleiten, ordnen sich die zwei- bis dreietagigen, aus glei-

chem Felsgestein gemauerten Häuser-Kuben an mit treppenartigem Versprung, so daß jede Etage auf dem Dach des unteren Kubus eine Terrasse bildet und sich in knappen Winkelungen diesen gewundenen Felsgraten anschmiegt.
Felder können nicht auf dem Gratkamm angelegt werden, weil sie der ungeschützten Höhensonne ständig und zuviel ausgeliefert wären und sich zudem auch kein Platz für Felder auf den Berggraten bietet.
Die Fenster in den Häuser-Kuben sind winzig, um nicht zuviel Sonne einzulassen, über ihnen immer das kleine Lüftungsfenster für den Austritt der warmen Luft, die bekanntlich immer nach oben steigt.
Die überzeugend tektonische Logik ist von faszinierender Schönheit bei all diesen gewürfelten Haus-Kuben.
Die gesellschaftliche Ordnungstruktur ist in Stämme und Scheichtümer unterteilt.
Das Haus eines Scheichs ist an seinem wehrhaften Verteidigungsgemäuer mit einigen Türmen, meist mit einer kleinen Moschee oder einem Grab irgendeines der tausend Heiligen, erkenntlich.
Einem Scheich obliegt die Schlichtung von Streitigkeiten oder Fehden und sonstigen Differenzen.
Er spielt eine Rolle in der Moschee, ist Ratgeber und Arzt für Mensch und Vieh. Er schient Arm- und Beinbrüche mit gespaltetem Bambus und Lehm und verordnet Tees und Tinkturen aus Kräutern der jeweiligen Flora.
An strategisch besonders überschaubaren Gebirgsformationen betont fast immer ein burgartiges Gemäuer mit Türmen, Zinnen und Schießscharten die Einflußsphäre eines Immams oder Sultanats in seiner deutlichen Wehrhaftigkeit.
Alle diese traumwandlerisch leicht hingeworfenen, winklig kubischen Haus-Formen – auf den Gebirgskämmen reitend – könnten auf dem Reißbrett nicht annähernd so locker und selbstverständlich gezeichnet werden.
So ein Haus baut sich jeder Araber selber nach seinen Lebens- und Arbeitsfunktionsabläufen und den ihm zur Verfügung stehenden, knappen Baumaterialien, nach seinen eigenen Strukturgesetzen, mit Hilfe seiner Familie, frei von jedweder intellektuell verdrehten Originalitätssucht oder verkrampften Ratio.
Die Räume der Häuser haben ca. 3,5–4 m lichte, orientalisch notwendige Höhe.

Im Erdgeschoß ist Gerät und Vieh untergebracht, hierüber wohnen und kochen die Frauen mit Kindern, darüber lebt der Mann mit den Söhnen, die dort ihre Besuche empfangen und nach 14 Uhr beim Quatkauen oder zur Wasserpfeife sich ihre arabischen Geschichten gegenseitig erzählen.
Quat ist ein Strauch, dessen frische Blätter täglich mit viel Aufwand, Wichtigkeit und Kosten neu gekauft und ab 14 Uhr gekaut werden vom 16jährigen Bengel bis zum Greis; vom Straßenfeger bis zum Minister sieht jede Backe voller Quat aus, als wäre darin ein Tennisball kurz vor'm Verschlucken. Quat ist ein leichtes Rauschmittel, dessen Pflanze die Kaffeepflanze in Yemen fast verdrängt hat. Die Araber – ob Fahrer im Jeep oder Mitfahrer – behaupten, Quat mache die Gedanken im Kopf wacher – das Gegenteil ist m. E. der Fall, die Quat-Kauer blödeln alle lethargisch so vor sich hin – täglich ab 14 Uhr – nach meinen Beobachtungen.

Die behauenen, quadrigen Felssteine der Häuser werden mit dort gewonnenem und gebranntem Löschkalk oft in ornamentalem Versatz gemauert und manchmal mit Kalkmilch an den Fenstern bemalt.
Nach den gleichen Gesetzen, aber in völlig anderem Erscheinungsbild, sind die Lehm-Hochhäuser im Hadramaut konstruiert.
Hadramaut liegt zwischen einer parallel der Indischen Ozeanküste vorgelagerten Steinwüste, durch die sich die Straße von Aden nach Mukalla windet, und einem hohen Gebirgsmassivstreifen, hinter dem sich eine riesige, sehr heiße Sandwüste ausbreitet, die nur durch eine Piste nach Marib, am sogenannten Toten Dreieck vorbei, durchkreuzt werden kann.
Hadramaut selbst ist eine Art hochgelegenes Vorwüstenland mit unterirdischen Rinnsalen, Flüßchen oder Wasseradern, die durch die Wadi-Muldenrinnen gelegentlich an die Oberfläche kommen und dort eine kleine, begrenzte, magere Vegetation, eine Palmen-Oase, entstehen lassen, um aber nach einigen hundert Metern wieder in tieferem Erd- oder Felsengestein ihren Lauf fortzuführen, um schließlich in 35–40 m unter dem Meeresspiegel im Meer abzufließen.
Der sehr knappe Platz an feuchter Erde in der Oase ist den Feldern vorbehalten, während direkt daneben, im trockenen Lehmsand, an schmalen, schattenspendenden Gassen ein Hochhaus dicht neben das andere aus dem vorhandenen Lehm gebaut ist bis zu neun und mehr Stockwerken,

deren jeweilige Höhe über 4,5 m beträgt, so daß diese Lehm-Hochhäuser 40–45 m Höhe erreichen und durch die schrägen Dosierungen optisch noch höher erscheinen. – Bauplatz ist äußerst knapp in der Oase, deshalb baut man in die Höhe.

Die schmalen Fenster brauchen nur kleine, gekeilte Lehmstürze über den Fensteröffnungen, sind aber dafür ziemlich hoch. Über jedem Fenster befindet sich ein kleines Fensterloch zum Abziehen der heißen Luft, so daß es in den hierdurch »klimatisierten« Häusern angenehm kühl ist. Begrenzte oder unbegrenzte Bauabstände oder irgendwelche Baugenehmigungen oder Vorschriften werden durch logisches Bauen ersetzt, das uns in seiner disziplinierten Logik deshalb so faszinierend wohltuend und schön erscheint.

Jeder baut sich sein Haus selbst; die gesamte Familie, Freunde und Nachbarn helfen mit. Die Kinder füllen auf dem erdigen Straßenboden Lehm in einen lattenartigen Holzrahmen von ca. 100×50 cm, größer oder kleiner, der durch zwei Querlatten oder Draht noch einmal ca. drei- oder mehrgeteilte Rahmenfelder ergibt.

In diesen Holzrahmenrost, der flach auf die Erde gelegt wird, füllen die Kinder bis zum oberen Rand ein Gemisch aus Häckselstroh und Lehm, verdünnt mit etwas Wasser, was einen ca. 10 cm dicken Lehmpudding mit Häckseleinlage ergibt. Nach einigen Minuten wird der Holzrost herausgehoben, und die noch feuchten Stroh-Lehm-Platten bleiben als halbtrockene »Lehmplätzchen« auf der Erde liegen; danach werden sie senkrecht an die Hausmauern gestellt, wo sie, nach sechs Stunden von der prallen Sonne luftgetrocknet, zu Lehmziegeln – ziemlich hart – geworden sind.

Die Kinder tragen über Leitern diese luftgetrockneten Ziegel hinauf zu den dort mauernden Vätern, Brüdern, Onkeln, die somit ständig weiter mauern können – so entstehen sehr geschickte Tonnengewölbe und flache Decken mit leichtem Bogenstich sowie einfaches Mauerwerk.

Als Geschoßdeckenbalken werden meistens Palmenstämme verlegt, die wiederum mit lehmgetränkten Palmenwedeln kreuz und quer armiert und verbunden sind.

Daher sind die Zimmerböden alle federnd und elastisch, halten aber Hunderte von Jahren, wie all die gesamten Lehm-Hochhäuser.

Die Lehmmauern der Hochhäuser sind im Erdgeschoß ca. 1,50–2 m dick und werden nach oben mit dosierten, äußeren, schräglaufenden Strebepfeilern verstärkt, um bis zum neunten oder zehnten Stockwerk immer dünner zu werden wie bei einem eingeschossigen Wohnhaus.

Die Häuser sind nach unten breiter und werden nach oben in ihrer Gesamtdosierung schmaler – statisch logisch, richtig, klar und schön in ihrer architektonisch dynamischen Spannung.
In einem Haus hat jedes Geschoß eine Toilette, die sich geschoßweise treppenförmig nach innen versetzt, so daß das oberste Geschäft am nächst unteren Stockwerk vorbeisaust, ohne gegenseitige Mitteilung der vorbeifallenden Düfte, und sich am untersten Toilettenkanal auf Straßenniveau sammelt zur Freude und Nahrung der in den Gassen überall herumstreunenden Affen, Ziegen, Schafe, Esel, Salamander, Karnickel, Hühner, Enten, Ratten, Vögel, Kamele, Mäuse etc.
Die städtische Müllabfuhr geschieht recht einfach und wenig arbeitsintensiv durch aus den Fenstern hinausgeworfenen Unrat zur erbaulichen Abwechslung des dort unten in den Straßen wartenden, hungrigen Getiers.
Als architektonischer Betrachter empfiehlt es sich, seine Bewunderung zugunsten größerer Beobachtung nach oben zu lenken, um nicht mit einer solchen Ladung beglückt zu werden.
Die Statik dieser Lehmbauten ist verblüffend gewagt – zumindest hält das meiste schon aus Gewohnheit Hunderte von Jahren. Der Lehm dieser Fassaden ist – besonders im Nordyemen – meist bemalt mit Kalkmilch, gemischt mit etwas Sand und Kamel-Magermilch (als Casein), wodurch die Häuser wie Häkeldeckchen verziert wirken. Gleichzeitig gibt dieser Kalkanstrich der Lehmoberfläche mehr Haltbarkeit gegen Witterungseinflüsse.
Im Hadramaut sind besonders die durch Festungsmauern eingegrenzten Städte in ihrem Erhalt die schönsten und besonders beeindruckend, wie Shibam, Sayun, Tarim, Einat, Hurraidah, Al Had Charain und Orte, deren Namen in ihrer sprachlichen Kompliziertheit das Gedächtnis nicht mehr aufnahm.
Diese Hochhäuser sind selten bemalt wegen der Höhe ihrer Fassaden.
Der überwältigende Eindruck des Ortes Shibam mit den wohl höchsten Lehmhäusern zaubert eine Imagination von New York in der Wüste.
Ebenfalls bietet der Ort Hurraidah mit seinen verschieden gestaffelten, hohen Turmhäusern eine uralte Stadtsilhouette voller architektonischer Exzentrik.
Die oft verlassenen Burgen und Festungen im gebirgigen Felsenhochland, von außen fast fensterlos, nur hie und da eine verlorene Schießscharte, strahlen eine ungeheure Kraft und abweisende Dynamik aus. Von außen haben sie meist nur ein Eingangstor-Loch zur Verteidigung und zum

Schutz vor häufigen Angriffen sich befehdender Stämme. Die Türen und Fenster öffnen sich nur zum geschützten Innenhof.
Inmitten des rektangulären Gassengewirrs dieser Orte befindet sich meist ein Freiplatz für den weißen Sultanspalast und die Hauptmoschee; kleinere Moscheen liegen verteilt in verschiedenen Stadtvierteln und Ecken der übrigen, schmalen Gassen.
Der Sultanspalast ist manchmal aus Felssteinen, aber meist auch aus Lehm gebaut. Nicht nur aus Haltbarkeitsgründen ist er weiß gekälkt, sondern auch, um sich entschieden von den einfachen, dunklen Lehmbauten abzusetzen, verschiedentlich im »Sarassani-Zirkus-Stil« mit indischen Ornamenten aus der Spätzeit verziert – nicht unbedingt schön, suggeriert aber sogenannte Weltweite.
Die Moscheen sind aus Lehm gebaut, grau-braun wie die Wohntürme.
Eine Ausnahme bildet das höchste, 52 m hohe, quadratische Lehm-Minarett der Großen Moschee in Tarim – türkis-grün – in der Farbe des Propheten.
All die in durchschlendernden Spaziergängen durch das lehmige Gassengewirr entstandenen Skizzen vermitteln nur subjektive, flüchtige Eindrücke von diesem Land, das zum größten Teil noch im »hohlen Baum« des frühen Mittelalters lebt – aber auch im Glanz vergangener Pracht von Tausendundeiner Nacht mit all seiner morgenländischen Märchenwelt.
Meine Neugierde und Faszination dieser fremden, alten Welt, zu der man auf Grund unserer zweitausendjährigen, in vielem tangierenden und z. T. gemeinsamen Geschichte irgendeine Verwandtschaft spürt, finden sich in nur rein persönlichen Eindrücken in den Skizzenbüchern wieder, jedoch ohne sogenannten »Kunstanspruch« und ohne Anspruch auf Authentizität der alten oder neuen historischen Abläufe sowie all der arabischen Lagerfeuergeschichten zu erheben.
Es war eine erregend-spannende, sehr beeindruckende Reise durch das glückliche Arabien – ARABIA FELIX –, das neben Marokko vielleicht das schönste, bestimmt das inhaltsreichste aller arabischen Länder ist in seiner Urstruktur und mit seinen sympathischen, besonders liebenswerten Menschen, geprägt durch ihre gewachsene, uralte Kultur, ihre vielfältige, jahrtausendealte Geschichte, das aber in den erneut aufgeflackerten, politischen Wirren in diesem Jahr bis zum Bürgerkrieg zwischen Süd- und Nordyemen vielleicht vorerst – wenn überhaupt – nicht mehr so leicht überall zu bereisen sein wird.

PSE

Thoughts on PSE's Sketches

The Yemen is a beautiful, untamed country roughly one and a half times the size of Germany. The majority of its 12 million inhabitants, and in particular the rural population, live in early medieval conditions. Few of them enjoy such questionable luxuries as television, plastic bags or mopeds.

In the two capitals of the country, Sana'a and Aden, there is a hint of modest, small-scale Western urban life. Sana'a, the capital of the North Yemen, lies at a height of 7,250 feet above sea level and has a population of 800,000. Aden, the capital of the South Yemen, is situated on the western rim of the Indian Ocean. It has a population of 300,000.

Outside the historical centres, the cities are fringed with hideous tenement blocks in precast concrete slab construction. These buildings are far too high, not particularly well kept and overfilled with unemployed or deported workers from the Arab emirates.

The rural population, especially in the North Yemen, lives according to the strict rules of the Prophet. The Koran is the only valid source of instruction, prayer and law for everyone.

Secular life is well ordered in a system of individual tribes and sheikhdoms.

Women leave their homes only in the company of a large number of other women. They are heavily veiled and wear black robes, black stockings and black gloves.

In rural areas, young girls attend school until they are roughly 12 years old and are married off at an early age.

From the age of 17, every male wears a large, phallus-like, curved dagger, the *jambiya*, in the middle of his chest as a token of masculine pride. The dagger is held in position by a boldly coloured, sometimes richly embroidered belt or sash.

Hanging from these colourful sashes are often one or more bandoliers filled with cartridges, a leather gunpowder pouch, a bunch of keys, an empty propelling pencil, etc.
Even during wedding celebrations, when the young men perform their nuptial dances with their curved daggers, the bride is not present.
The firearms the men carry slung round their bodies (ranging from old muzzle-loaders or carbines to machine-guns or highly-prized Kalashnikovs) and the obligatory curved daggers are the pride of any Arab and an open display of his masculinity.
The palms of the hands of young girls and the black-clad women are often coloured brown with henna and painted with stars or flowers. On feast-days the women wear one or more rings on every finger – over their black gloves if necessary – and innumerable silver bangles and bracelets.
For thousands of years, the topography and geographical position of the Yemen have played a major role in shaping the country's history – much of which is still unknown – as well as the lives and fate of its people. This is still the case today.
To the north, the Yemen is bounded by the vast and fiercely hot sand desert of Saudi Arabia. A wedge-shaped area of this desert, known as the "Empty Quarter", juts into the northern part of the Yemen. Because of the oil reserves known to exist there, the Saudis lay claim to this territory and have indeed annexed it. It is therefore the source of a number of political problems. To the west, the Yemen is bordered by the Red Sea, with a broad strip of desert and the Tihama running parallel to the coast. To the south is the Gulf of Aden, an arm of the Arabian Sea, which in turn forms part of the Indian Ocean. The area is one of chokingly hot, humid air.
Aden possesses a large, protected natural harbour, which in Roman times was reputed to be the biggest and finest of its kind.
The city has had a chequered history, but today it seems to have reached the nadir of its career and is a place of such hideousness that it should be avoided at all costs. Avoiding Aden is virtually impossible, however, since the only passable route for jeeps – a partly metalled road – as well as the airport and the availability of overnight accommodation force travellers to head for this city.
Centuries of changing colonial rule, the erection of military barracks, fuel depots, an airport littered with derelict huts and debris, bunkers, high-rise, prefabricated concrete housing, shell-scarred mosques and crumbling ruins have all helped to turn Aden into an urban sore.

Even in the dim and distant past, the heavy, humid atmosphere in the Gulf of Aden encouraged sailors to steer clear of that port.

As if in compensation, Allah and the benevolent side of nature have bestowed more practical and above all more profitable winds on the Yemenis.

In summer, the monsoon drives sailors gently towards India with a following west wind. In winter, the monsoon blows somewhat more strongly, but in the opposite direction, driving mariners in a westerly direction back from India to Mukalla or Aden on the south coast of the Yemen.

In Bombay, far-sighted Arab, Indian and even Chinese merchants would load these vessels with all kinds of merchandise: silks from China, incense, precious stones from Burma, exquisite objects of gold, silver and ivory, sandalwood and pepper, and countless fragrances and spices from *The Thousand and One Nights* for the beauties waiting at home in the harems of Arabia or in the boudoirs of Europe.

Other spices came via Jibuti from Ethiopia, Egypt and the rest of Africa. Among these spices were myrrh, which was used as a balsam, and the resin from the incense tree, which grows in the Hadramaut.

These substances were highly prized for religious rites and for embalming distinguished or dead potentates of almost all religions in Greece and the Roman Empire and in the royal and princely houses of the Orient and the Occident.

Even today, sultans, kings and Arab sheikhs of noble birth honour their guests by having incense pans borne before them on long poles to create sweeter smelling air and to drive away mosquitoes.

So, too, servers still swing their censers solemnly yet in spirited fashion at High Mass today, even if for somewhat different reasons. As 12-year-old servers, we enjoyed mixing fingernail clippings with the incense, so as to envelop those celebrating these rites in alien aromas – no doubt not entirely to their pleasure.

The problem of conveying these precious Oriental commodities on to the Mediterranean, to the many states along its shores and to further points of the compass – even to the Alemannians and

the Franks across the Alps – proved to be insurmountable. Navigating the Red Sea with its many rocks and shallows, battling against the monsoon winds in a sailing boat beset by pirates was far too hazardous an undertaking.
It was only with the taming and domestication of the camel that women's desires for luxury goods could be satisfied and began to increase; for it was the camel that made the transport of these goods possible.
With a camel train, one could cover the almost 3,000 km route through the desert from Mukalla or Aden in roughly two and a half months. The journey took the caravan through the fiercely hot desert that lies between the Red Sea and the long, high chain of mountains inland, through a region where there is virtually no water or vegetation. The route led on to the Roman town of Petra in what is today Jordan – a journey I once made myself on horseback – and from here to the Mediterranean.
There was certainly no road in those days; at most a track trodden in the sand, if it had not been covered again in the meantime. Bedouins and the merchants trading in gold, spices and precious stones would take their bearings solely by the stars, to maintain a rough course towards the next watering-hole, caravanserai or market-place, travelling through a vast wilderness of sand devoid of trees or bushes. At the same time, they had to be constantly on the alert not be caught by the tax or customs officials of the many greedy sheikhdoms along the route, nor to be waylaid by other pirates; for the desert could be navigated only by the stars – not with a guide to taxes and excise duties.

The yarns that were spun, the bartering that was done, the deals that were made, the lies that were told over the nocturnal camp-fires, lit in the long nights along the Incense Road as a protection against hungry predators and the cold, would have filled the library at Alexandria and might have made a publican blush.

In those pre- and early Christian times, the fall the Roman Empire seemed to be inevitable, following the decline of the Greek sphere of influence. There were a lot of new Messianic ideas in the air, all kinds of speculation and a yearning for a new world king and redeemer. The precepts of the Mithras cult and of many other religions and animist cults had lost their powers of persuasion.

Hindu and Buddhist ideas and philosophies from India were brought to the Yemen by the sailors who navigated the monsoon-tossed seas. The earliest founders of Christianity sought contact with these ideas and drew inspiration from them, and slowly they spread from the Yemen to the Mediterranean.

By the flickering light of the camp-fires in the cold desert nights, many tales were told: tales of the legendary beauty of the Queen of Sheba from Marib, for example, and of the rich and mighty Sabæan people, who one day set out along the Incense Road bedded in their camel-borne litters in a huge caravan laden with gold, silver and precious stones, myrrh, incense, ivory, sandalwood and all manner of Oriental treasures, heading for Jerusalem to pay their respects to the wise and wealthy King Solomon.

Another story tells how the Queen of Sheba boarded a ship in Aden to travel to Jerusalem via the Red Sea.

With each new turn of the story, her beauty seemed to increase. Whether she sailed through the Red Sea of followed the Incense Road, the queen, who was also known by the beautiful name of Bilqis, eventually reached the palace of the wise King Solomon.

The whole tale was, of course, embroidered with innumerable anecdotes and incidents. One of them, for example, told of Bilqis' great beauty, but also created the legend that she had a cloven foot. Solomon, wise and cunning as he certainly was, ordered water to be poured over a polished marble floor, so that when Bilqis crossed it, she had to raise the hem of her long white skirt. Any disappointment on Solomon's part at not seeing a cloven foot was certainly outweighed by his pleasure at seeing the queen's two beautiful legs.

On another occasion, the wise king invited his lovely guest to a regal banquet. He had the food prepared in an exceptionally spicy manner with all kinds of herbs and essences and hot ingredients from the Orient.

Before the queen retired to bed, Solomon had a water jug placed in her chamber; but he ensured that the jug was empty. Tormented by thirst in the night after eating the heavily spiced food, Bilqis, the Queen of Sheba, reached for the jug, only to find it empty.

Barefoot, the legendary beauty slipped into the bedchamber of the king, seeking to quench her thirst. Solomon had previously had a jug filled with cool water placed within reach of his own bed. Standing next to the loudly snoring king, Bilqis silently drank the water and refreshed herself. Solomon, however, was merely feigning sleep in his desire to possess her, and suddenly, with a swift and practised hand, he grabbed the beautiful Queen of Sheba and dragged her under the royal bedclothes. Nine months later, the queen bore a son by the name of Noah. Noah's son Shem was the alleged founder of the city of Sana'a.

What is more, Noah is supposed to have laid the keel of the ark in Aden – or so the stories told around the camp-fires in the desert would have it.

The truly wonderful tales from *The Thousand and One Nights* were retold over and over again in ever new forms, as they still are today. That is Arabian. It makes the tales more exciting, the audience more inquisitive; and the stories become more and more mysterious and adventurous.

In fact, there is not a shed of evidence to prove that the legendarily beautiful Queen of Sheba with the wonderful name of Bilqis ever existed.

The Bible and the Koran contain accounts of her and of a meeting with the wise King Solomon – but nothing more.

Equally legendary is the substantiation of Solomon's wisdom through his recognition of the significance of the numeral 0, a symbol of nothing. Nevertheless, to know that to know something is to know nothing, would be the ultimate truth in Socratic terms.

Educated men in the Western world spoke, but also mutilated, Greek, Latin and other strange, regional tongues; but even with the help of staves, sticks or other counting devices, they still found it difficult (or even impossible) to calculate with Roman numerals, which are derived from ancient cuneiform characters.

I, II, III, IV, X = 10, with crossed index finger and all 10 fingers spread.

Half of X was V = 5, and so on.

It was impossible to do additions, subtractions, multiplications or divisions with these Roman cuneiform numerals. In the chancelleries of kings, princes and generals, therefore, a computer in the form of a magician or magus – an Arab with a turban – was employed who could multiply 85,761 by 387.25 in the twinkling of an eye. He could also perform divisions, additions and

subtractions with numerical characters that no one understood. Amazingly enough, however, the result was correct every time.
We learned the same things in our first years at primary school, but using Arabic not Roman numerals. In ancient times and in the early Middle Ages, the Arabs were more learned in medicine, philosophy, literature, music and algebra (also an Arab word) than the Western world.

They understood the function of the figure 0 in the decimal system when we still did not.
0 = nothing = *nihil* or *nullius* rei. There was something not quite above-board in using a nought in calculations. There was a hint of sorcery about it.
The Incense Road had existed since about 1000BC. Along this route, some of the richest and most important kingdoms in the world established themselves. The road stretched from the Indian Ocean via the Hadramaut, Marib and Sana'a, through the desert parallel to the Red Sea, to Petra in Jordan, where one still finds numerous Roman rock temples hewn from the red sandstone. From there the road went on to the Mediterranean.
The Yemen's possession or control of the Incense Road, and the reliable, high income it guaranteed formed the foundation of the enormous wealth of the country. These blessings had to be constantly defended, however, at least until about AD100, when the road suddenly lost its significance.
Using a lateen sail, the Romans constructed a form of rigging that enabled ships to beat close to the northerly monsoon wind in the Red Sea. This made the transport of precious goods by sea considerably easier, faster and more convenient.
The storytelling around the nocturnal camp-fires has continued down to the present day.
"Now when Jesus was born in Bethelehem of Judæa in the days of Herod the king, behold, there came wise men from the east to Jerusalem..." The three kings were subsequently given the names Caspar, Melchior and Balthazar. They followed a star to Bethlehem to pay tribute with their gifts of gold, frankincense and myrrh, and in their prayers, to the future King of the world.
Like most Arab tales, the story of the three holy kings was subject to a good deal of poetic licence.
Firstly, the kings were not holy at all; they were never subsequently canonized. Nor were they

kings. They were simply normal, oriental merchants, trading in carpets, gold and frankincense, and carrying myrh and other spices from India and the Yemen. They were on their way to Petra, not far from Bethlehem, with their precious goods laden on the backs of their camels.

The Bible simply refers to three "wise men", or Magi, from the East, which is probably more accurate. Whether they were really wise is not confirmed; but they would seem to have been, in view of the fact that they were acquainted with the numeral 0 and were able to make all calculations with the "wisdom" of a computer – something that other people were capable neither of doing nor understanding.
Forced to take their bearings by the stars, like all Bedouins and travellers, the three wise men were also familiar with the order of the heavens and the constellations of the stars as the sole means of orientation in the desert and at sea.
Since their path led them northwards, they followed the North Star, which belongs to the constellation of Ursa Minor (the Little Bear), and this led them straight to Bethlehem. Even today, the polestar is an important fixed point by which sailors take their bearings at sea.
The stories of cruel King Herod and the newly-born King in the manger were quickly spread in camp-fire conversations among Bedouins, who lived as herdsmen of goats and camels on the fringes of the desert.
As we know, in the early Middle Ages there was a particularly active trade not only in gold, frankincense and myrrh, but in holy relics and bones of all kinds.

Around AD300, the Roman Empress Helena had the remains of the three Magi dug up from their graves in Azzahn, an insignificant little place near Mukalla on the Indian Ocean. About 100 years later they were sold and brought via Constantinople to Milan.
Around 1160, Emperor Frederick I (Barbarossa) made a present of the relics of the three wise men to his chancellor, Archbishop von Dassel of Cologne, since it was thought that the city urgently needed a more important attraction than the 11 foolish virgins, if emperors and kings were to be annointed there in fitting surroundings.
During the Second World War, the precious gilded shrine containing the remains of the Magi was

taken to a safe place in the Sauerland. There they remained until the end of the war, when they were finally returned to Cologne.
Rumour has it that the three golden shrines were empty. Another report claims that the shrines contained the bones of three human beings of different sizes and ages, like those of a grandfather, father and son.

The Yemen is bordered by incredibly hot sand deserts to the north, by the Red Sea to the west and the Indian Ocean to the south. In the interior is a high mountainous region rising to a height of between 8,000 and 10,000 feet and dissected by parallel ridges and gorges that from a jagged, rocky landscape.
Large quantities of water are channelled in the hollows of these washboard-like rocky corrugations. The steep slopes of the mountains, laid out in a series of step-like terraces, are therefore well irrigated and extremely fertile, as one can see from the daily markets with their abundance of fruit and vegetables.
Hence the motto *Arabia felix* – happy Arabia – often used to refer to this most Arabic of countries, which, on account of its wealth, could afford the state of isolation in which it lived so long.

The North Yemen still leads a largely isolated existence and is ruled strictly in accordance with the teachings of the Koran. Life there is dominated by the genuine and profoundly religious belief that is an expression of the country's special Islamic view of the world. By contrast, the South Yemen, with its strategically important position and its large natural harbour, has always been the target of foreign conquerors; and this has had its effect on the inhabitants.
In the footsteps of many, now unknown peoples of prehistoric times, the Portuguese recognized the special importance of this location as a maritime base. From here, India is but a short journey across the sea, with favourable monsoon winds for the voyage there and back.
Then the Yemen became part of the Ottoman Empire for a time, until these conquerors in turn were driven out.
Subsequently, Aden and part of its hinterland were "taken over" by the British for about 100 years. As a protectorate of the Crown, it assumed a special significance after the opening of the

Suez Canal, forming an important link in the chain of British bases that included Gibraltar and Malta and stretched from Britain to the Indian Empire.

For hundreds of years, the long-suffering and rightly mistrustful South Yemenis – especially the inhabitants of the Hadramaut – allowed no foreigners to enter their tower-house cities in the desert.

Having finally managed to free itself of the British, the Yemen became a satellite of the Soviet Union – later supported by its ally, the former German Democratic Republic – and a new struggle began to teach Bedouins the "true achievements of real Socialism".

Landowners were dispossessed. The sultans and imams were driven out, and in their place came collective farms and combines. In the course of time, the proud Yemeni farmers were transformed into a proletariat of agricultural labourers.

The women were forced to remove their veils. Men and women were made "equal". Religion was separated from state and politics. Cinemas, distilleries and breweries were built. Now, under pressure from devout Saudi Arabian Moslems, these institutions have to be demolished as one of the conditions attached to providing financial aid for Islamic brothers impoverished by the civil war.

In the meantime, men and women came to wear semi-European clothes or boiler suits in a land that had once been the epitome of the Arab world. The city of Aden, which had anyway assumed a hideous aspect, thus acquired the morbid flair of a lost, uprooted factory-working proletariat as well.

The North Yemenis finally decided that it was time to take their godless brothers in the south back under the strict Islamic wing of the Koran and to establish a united Arabic Yemen again, based on a familiar Arab-Muslim order.

The South Yemen preferred the "Socialist achievements" to which it had now grown more or less accustomed and which it did not wish to give up. This sparked of the civil war in 1994, which we were able to escape unscathed just in time by leaving the country.

The terraced fields on the steep slopes of the corrugations of the mountains mentioned previously enjoy high-altitude sunlight for only a few hours a day. The sun then disappears behind sheltering walls of rock. As a result, the crops are not parched by the blazing sun. They ripen in a constant, temperate-humid climate, as if in an ideal greenhouse.

On the uppermost, razor-sharp ridges of these rocky corrugations, which from a distance look as if one might hurdle them with ease, one finds two- to three-storey cubic houses built of the local stone. The houses are stepped down towards the base, so that the roof of every floor forms an open terrace for the floor above. The houses twist this way and that, hugging the winding ridges of rock.

It would be impossible to lay out fields on the crests of the mountains, firstly because there is simply no space, but also because the fields would be constantly exposed to the strong radiation of the sun at this altitude.

The windows in the cubic houses are tiny, so as not to admit too much sunlight. Above the windows are small ventilation openings to allow rising currents of warm air to escape from the interior. All these heaped up dwelling cubes reveal a convincing tectonic logic combined with a most fascinating beauty.

The social order is based on a system of tribes and sheikhdoms.

The house of a sheikh can be recognized by its fortified walls combined with a number of towers and usually with a small mosque or the grave of one of the thousand holy men.

A sheikh is responsible for mediating in the case of disputes or feuds. He plays a leading role in the mosque and is an adviser and doctor for man and beast. He splints broken arms and legs, using clay and split lengths of bamboo, and he prescribes herbal teas and tinctures made from local plants.

Most strategically dominant mountain formations are crowned by castle-like fortifications with walls, towers, battlements and embrasures. These citadels define the sphere of influence of an imam or sultan and are an expression of his determination to defend his territory.

None of these angular, cubic structures perched on the ridges of the mountains, where they seem thrown together with an almost instinctive nonchalance, could be planned on the drawing board with anything like the same ease and unerring feeling for appropriateness.

With the help of his family, every Arab builds a house of this kind for himself, a house suited to his own patterns of life and work, using the scanty materials at his disposal. The houses obey the

constructional laws imposed by the materials and are devoid of any intellectual compulsion to be original or to conform to some abstruse logic.
The rooms in these houses have a clear height of roughly 3.5–4 m, a dimension that is necessary in the Orient.
The ground floor accommodates tools and equipment, and livestock. Above this are the living quarters of the women and children, and facilities for cooking. The man of the house lives with his sons on the next floor up. Here, visitors are received, and after two o'clock in the afternoon the men sit around chewing quat or smoking a hookah and telling each other Arabian tales.
The quat is a shrub, and every day a great deal of time, effort and money is spent buying fresh leaves. All males, from 16-year-old youngsters to men in their dotage, from road sweepers to government ministers, stuff their mouths full of quat in the afternoon. Their cheeks bulge as if the men were in danger of swallowing a tennis ball.
Quat is a mild narcotic. The plant has largely displaced the coffee bush in the Yemen. All Arabs claim that quat sharpens the intellect; but in my opinion the opposite is the case. From what I have seen, all quat chewers babble away to themselves lethargically every afternoon.

The rough-hewn, cubic stones with which the houses are built are jointed in mortar using local slaked lime. The stones are often laid in an ornamental bond. The surrounds to the windows are sometimes whitewashed.
The tall mud houses in the Hadramaut follow the same constructional laws, but are completely different in appearance.
The Hadramaut is situated between an area of stone desert parallel to the Indian Ocean coast and a high chain of mountains, beyond which stretches a vast, fiercely hot sand desert. The road from Aden to Mukalla winds through the stone desert. The only route through the sand desert is a track to Marib that runs past the area known as the "Empty Quarter".
The Hadramaut itself is a kind of high-altitude tract of semi-desert with subterranean streams, rivulets and veins of water that occasionally surface through the wadi hollows and support a small area of scanty vegetation or an oasis with palms. After only a few hundred metres, the

water disappears again into the rocks and continues its course deep underground, ultimately flowing into the sea at a depth of 35–40 m below sea level.

The limited area of moist soil around an oasis is reserved for fields for growing crops. Immediately next to this, on the dry sandy clay, the tall tower houses are erected in tight clusters dissected by narrow, shady alleyways. The houses are built of local mud or clay and rise to a height of nine or more storeys, each storey over 4.5 m high. These mud buildings can, therefore, reach an overall height of 40–45 m. The regular diminishment of their proportions and the leaning walls make them seem even taller. Building land is extremely scarce at an oasis, which is why the houses are built vertically.

The windows are relatively tall, but narrow; which means that only small, wedge-like lintels are required over the openings. Above every window is a small opening through which hot air can escape from the interior. This "air-conditioning" system keeps the houses pleasantly cool inside.

There are no building by-laws, no regulations prescribing the space between buildings, no submissions for planning approval. All these things are replaced by logical forms of construction that fascinate us with their discipline and at the same time appear so agreeable and beautiful.

Everyone builds his own house, with the help of the entire family and of friends and neighbours. The children fill earth into an open wooden framework in the street. This framework, roughly 100×50 cm in size, is divided by two or more cross-battens or wires into a number of smaller compartments.

The wooden frame is laid flat on the ground in the road, and the children fill it to the brim with a mixture of chopped straw and mud mixed with a little water. This clay-like mass, reinforced with the short pieces of straw, is approximately 10 cm thick.

After a few minutes, the timber frame is removed and the moist slabs of mud and straw are left on the ground as half-dried "clay biscuits". These are then placed upright against the walls of the houses, and after six hours in the baking sun they have dried to a fairly hard consistency and can be used as clay bricks.

The children carry them up ladders to their fathers and other male members of the family, who are thus able to lay the bricks without interruption. With these simple materials, they can construct fine barrel vaulting and flat floors with slightly arched soffits, as well as simple walls.

The trunks of palm trees are normally used as floor beams. Mud-soaked palm fronds are laid both laterally and longitudinally over the beams and bound together to form a kind of two-way reinforcement.
As a result, the floors of the rooms are springy and elastic, but they last for hundreds of years, like the entire mud tower houses.
The walls of these houses are roughly 1.5–2 m thick at ground-floor level. They are reinforced vertically on the outside with tapering, inclined buttresses. The walls are reduced in thickness up the height of the building, so that at the top of a 10-storey structure they are as thick as those of a single-storey dwelling.
The houses, which are broader at the base than at the top and taper proportionally as they rise, embody a structural logic and an architectural dynamic that is true, clear and beautiful.
There is a lavatory on every floor of these houses. The lavatories are not set vertically above each other, but are stepped back from floor to floor, so that faeces from the upper storey fall past the closet in the storey below and no unpleasant smells are transmitted between the various floors. The faeces fall to a space at street level, where they accumulate and are left to dry, much to the delight of the monkeys, goats, sheep, donkeys, lizards, rabbits, chickens, ducks, rats, birds, camels, mice and other animals that roam the narrow alleyways.
Urban refuse disposal is a simple matter and not at all labour-intensive. Rubbish is simply thrown out of the windows and lands in the street, to the edification and amusement of the hungry menagery waiting below.
The student of architecture is recommended not to indulge his curiosity too long, but to direct his attention upwards, if he does not want to be on the receiving end of an offering from above.
Although the structural design of these mud buildings exhibits a remarkable daring, most of them remain standing out of sheer habit for hundreds of years.
The dried mud façades are usually whitewashed, especially in the North Yemen. The whitewash consists of milk of lime, mixed with a little sand and skimmed camel's milk (casein). As a result, the houses often look as if they had been decorated with crocheted mats. The whitewash also increases the resistance of the mud surface to weathering.
The most beautiful and impressive examples of this urban culture are the well-preserved towns in

the Hadramaut, particularly those enclosed by a ring of defensive walls. Among these are Shibam, Sayun, Tarim, Einat, Hurraidah, Al Had Charain and places whose names are so complicated they elude the memory.

Because of their great height, these high-rise structures rarely have painted façades.

The overwhelming impression made by Shibam, the town with what are probably the highest mud buildings of all, conjures up a vision of New York in the desert.

Hurraidah, with its tall tower houses of various heights, presents an ancient urban silhouette full of architectural eccentricity.

Many of the castles and fortresses in the mountains have been abandoned. They nevertheless radiate a tremendous sense of power and repellent force. As a means of defence against the frequent attacks of feuding and marauding tribes, the external walls were built almost devoid of windows. There is usually just one entrance gateway from the outside, and the walls are pierced by only an occasional narrow embrasure. The windows and doors of these structures open onto protected internal courtyards.

Somewhere in the middle of the rectilinear labyrinth of alleyways in these urban settlements there is usually an open space in which a white sultan's palace and the main mosque are situated. Smaller mosques are scattered about the town in different corners and neighbourhoods of the tight tangle of streets.

The sultan's palace is sometimes built of stone, but usually it, too, is of mud. It is painted white not only for reasons of durability, but to distinguish it clearly from the other simple, dark mud buildings. Sometimes built in a kind of exotic fairground style with pseudo-Indian ornamentation, these palaces are not always beautiful, but they are meant to convey a certain air of worldliness.

The mosques are constructed of mud and are greyish-brown in colour, like the tower houses.

One exception to this is the 52-metre-high minaret of the Great Mosque in Tarim. This square minaret is not only the highest structure, but is painted turquoise, the symbolic colour of the Prophet.

The sketches, made whilst strolling about the maze of alleyways between these mud buildings, convey no more than fleeting, subjective impressions of this country, a country that, to a large extent, still lives in the "hollow tree" of the early Middle Ages. It also basks, however, in the radiance and former glory of *The Thousand and One Nights* and the magical, fairy-tale world of the Orient this evokes.

In the course of the last 2,000 years, our history has converged with that of the Yemen at many points and the two histories have a number of aspects in common. As a result, one feels a certain affinity to this strange old world. The entirely personal impressions captured in my sketch-books are a reflection of my own curiosity and fascination for this world and lay no claim to authenticity in respect of historical events, ancient or modern, or of the contents of the tales told over Arab camp-fires, for that matter.

It was an exciting, stimulating and most impressive journey through this happy land of Arabia – *Arabia felix* – which, after Morocco, is perhaps the most beautiful and certainly the richest of all Arab countries in terms of its archaic structure and its particularly endearing people. The people have been moulded by an ancient and still evolving culture and by a rich and chequered history extending over thousands of years. But in the light of the political troubles that flared up anew in 1994, leading to the civil war between North and South Yemen, it may hot be so easy to visit and travel about this country in the foreseeable future. PSE

Bildfolge

24
Sanaa

25
Sanaa, Große Moschee

26
Bayl Bawz bei Sanaa

27
Sanaa, Sheraton-Hotel Lobby

28
Wadi Dhar

29
Wadi Dhar

30
Shahara

31
Makler – Edelsteinhändler
und Wahrsager im Bazar

32
Sada

33
Kalkofen

34
Marib

35
Marib

36
Yemen
Ribat Tarim

37
vor Marib

38
Wadi Dhar Al Hajar

39
Straße Sanaa – Aden

40
Der Damm von Marib

41
Dhi-Bin nördl. Amaran

42
Nördlich Sanaa
Moschee Zafar Dhi-Bin

43
Südyemen

44
Yafrus s.w. Ta'izz

45
Dschebel' Bura-Paß

46
Sayun

47
Al Hadscharain
AG' Hanan al Ayan

48
Haydan

49
Sayun, Sultanspalast

50
Sayun

51
Sayun

52
Grab des Ahmed Bin

53
Pistenweg Mukalia – Sayun
ab 14.00 Uhr kauen alle
Männer »Kat«

54
Hajarah

55
Wadi Dhar, Lehmburg
Tarim, Lehm-Minarett Al Midhar

56
Giblah südl. Ta'izz,
Al Saidah Arwa Moschee

57
Jafrus Ahmed Ibn Alwan
s.w. Ta'izz

58
Sejdun – Tarim, Grab des
Ahmed Bin Muhajir

59
Tarim, Friedhof

60
ab 14.00 Uhr »Kat-Time«
nach Tarim

61
Grabmal des Achmed ibn Mu-hair
an Straße Sayun – Tarim

62
Einat

63
Tarim im Sultanspalast

64
Einat, Friedhof

65
Einat

66
Al Hadscharain

67
Al Hadscharain

68
Al Hadscharain

69
Al Hadscharain Ali Hassan
al Altar

70
Dubayat bei Dala Straße
Aden – Sanaa

71
Shibam

72
Wadi Dhir
Mukalia – Sayun, auch der
Fahrer hat ab 14.00 Uhr
»Kat-Time«

73
Sayun

74
Shibam

75
Al Hadscharain

76
Shibam

77
Yemen

78
Shibam

79
Shibam

80
Shibam
Yemen

81
Shibam

82
Shibam

83
Südyemen – Shibam

84
Shibam

85
Shibam

86
Shibam

87
Shibam

88
Shibam

89
Shibam

90
Shibam

91
Shibam

92
Shibam

93
Shibam, Müllentsorgung

94
Shibam

95
Shibam

96
Huraidah

97
Huraidah

98
Straße Aden – Sanaa

99
Südjemen, Huraidah

100
Sira bei Aden

101
Yerim Derim von Aden nach Sanaa

102
Gräber bei Einat

103
Straße Sanaa nach Aden

104
Abari

105
Al Haijarah

106
von Aden nach Sada

107
Hadramaut

108
Aden – Sanaa

109
Straße Aden – Sanaa

110
Straße Aden – Sanaa

111
Yemen

112
Ibb

113
Dschebel Shahara

114
Nabban

115
Huraidah

116
Südjemen, Shibam

117
Jafrus

118
Gebirgspaßstraße von Aden nach Sanaa

119
Al Haijarah

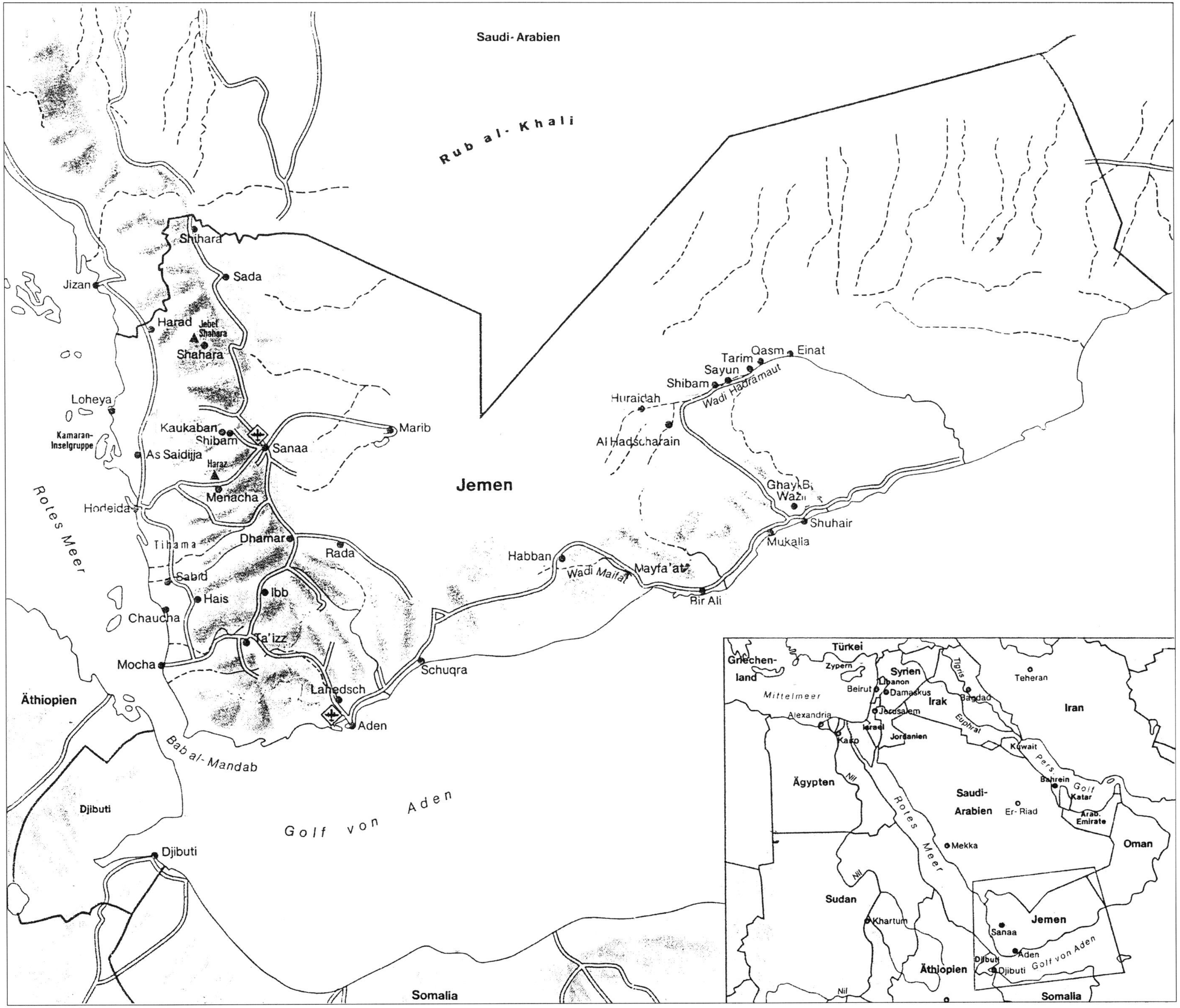

Saudi-Arabien
Rub al-Khali
Shihara
Sada
Jizan
Harad
Jebel Shahara
Shahara
Loheya
Kamaran-Inselgruppe
Kaukaban
Shibam
Sanaa
Marib
As Saidijja
Haraz
Menacha
Hodeida
Tihama
Dhamar
Rada
Sabid
Hais
Ibb
Chaucha
Ta'izz
Mocha
Lahedsch
Aden
Schuqra
Jemen
Habban
Wadi Maifat
Mayfa'at
Bir Ali
Mukalla
Shuhair
Huraidah
Al Hadscharain
Shibam
Sayun
Tarim
Qasm
Einat
Wadi Hadramaut
Rotes Meer
Äthiopien
Bab al-Mandab
Golf von Aden
Djibuti
Djibuti
Somalia
Türkei
Griechenland
Zypern
Syrien
Libanon
Beirut
Damaskus
Mittelmeer
Alexandria
Jerusalem
Israel
Kairo
Jordanien
Irak
Tigris
Bagdad
Euphrat
Teheran
Iran
Kuwait
Pers. Golf
Bahrein
Katar
Arab. Emirate
Ägypten
Nil
Saudi-Arabien
Er-Riad
Mekka
Rotes Meer
Oman
Sudan
Khartum
Jemen
Sanaa
Aden
Golf von Aden
Djibuti
Djibuti
Äthiopien
Somalia

Sana'a '94

Yemen I. 94

SANA'A MARKT 97

HAJARAH 2500m
WESTL. SANA'A

Sada 94

SANA'A 94

AMRAN
20 I 94 AMRAN

Hochzeitstanz ohne Braut

Imam-Palast bei Sana'a 97

SANAA 20 I 94

22 I 94

Sanaa 20 II 94

Wadi Dhar jpse 94

Süleyman 84

- Sichara - Yemen 94

SANA

TARIM 25 I 94

Hotel Lobby
Sheraton
Sana-a

WADI El
30.I.94

SCHAHARA 94

Makler – Edelsteinhändler und Wahrsager im Bazar 97

Sada 94
yemen

KALKOFEN 22 II 94

MARIĆ 97

TURAY'AL ERFANI yemen 94

Marib. I 94

WADI DAR AL HAJAR 22 I 94

21 I 94

Gebirgspässe Aden-Sada'a
Yemen 1994

EL ERYANI 94

DHI - BIN 94
NÖRDL. AMRAN

Nördl. Sana'a
Moschee Zafar Dhi-Bin. 23 I 94

yae 94
Sana a Yemen

- yafrus - S.H. TA'IZZ 94

3190 m DSCHEBEL BURA - PASS

Gadscharein
Ali Hassan al Atar 94

Haydan 74

Sultans Saray im

SEYUN

AHMED BIN MUHAJIR
27 I 90 Seyun-Tarim

Pisten-Weg von Mukalla nach Seyun 21 I 94

- Wadi Dar -
Lehmburg
20 V 94

Lehm-minarett AL MIDHAR
TARIM 21 V 94. 52 m

Sanaa 97

Yemen
S.W. Ta-izz – Achmed Ibn Alwan –

AHMED BIN ISSA 22 J 94

Friedhof
21 I
Tarim

Tamu 21 I 90
1400 „KAT"!

BIN ISSA

AINAT

TARIM
im Sultanspalast 94

FRIEDHOF AING 21 I 94

AINA 20 I 9X

HADSCHAREIN 23 I 94

HADSCHAREIN 23.I 54

Ali Hassan al Attas 94

Dubayat 94
bei Dala
ca 4. Jhdt.
Adan – Sana'a

20 V 94

- KAT - Mükalla - Seiyoun 21 I 94

SEJOUN 21 I 94

Shibam 24 I 94

Hadramaut – Shibam – 94

Shisbaun 24 I 94

Shibam 94

Shibam 24 I 94

Yemen I 94

SHIBAM 24 I 94

Shibam 94

Südjemen – SHIBAM 24 I 90

SHIBAM 23 I 94

SHIBAM 24 I 94

Shibam 24 I 84

SHIBAM

SHIBAM 23 I 94

SHIBAM 24 I 94

Shibam 24 I 94

Shibam 24 I 97

Shibam 94

Shibam 90

SHIBAM
24
I
94

HURRAIDA 23 I 94

südyemen Hürraida 23.X.94

AL ERYANI YEMEN 94

YERIM YERIM
2610 m

25. I 94

Alvaro
26 I 94

yemen 97

26 I 94

Yemen 94 pae

WESTL.
IBB
SABID 94

DJEBEL SHAHARA 2500 m YEMEN 94

HARRAN
23

SÜDYEMEN SHIBAM 24 I 1989 psr

Achmed Ibn Alwan

gebirgs Pass-Strasse
Aden nach Sana'a ..
26 I 94 ca 3000 m Höhe

Al Hadchara 94